ENCORE LES OISEAUX

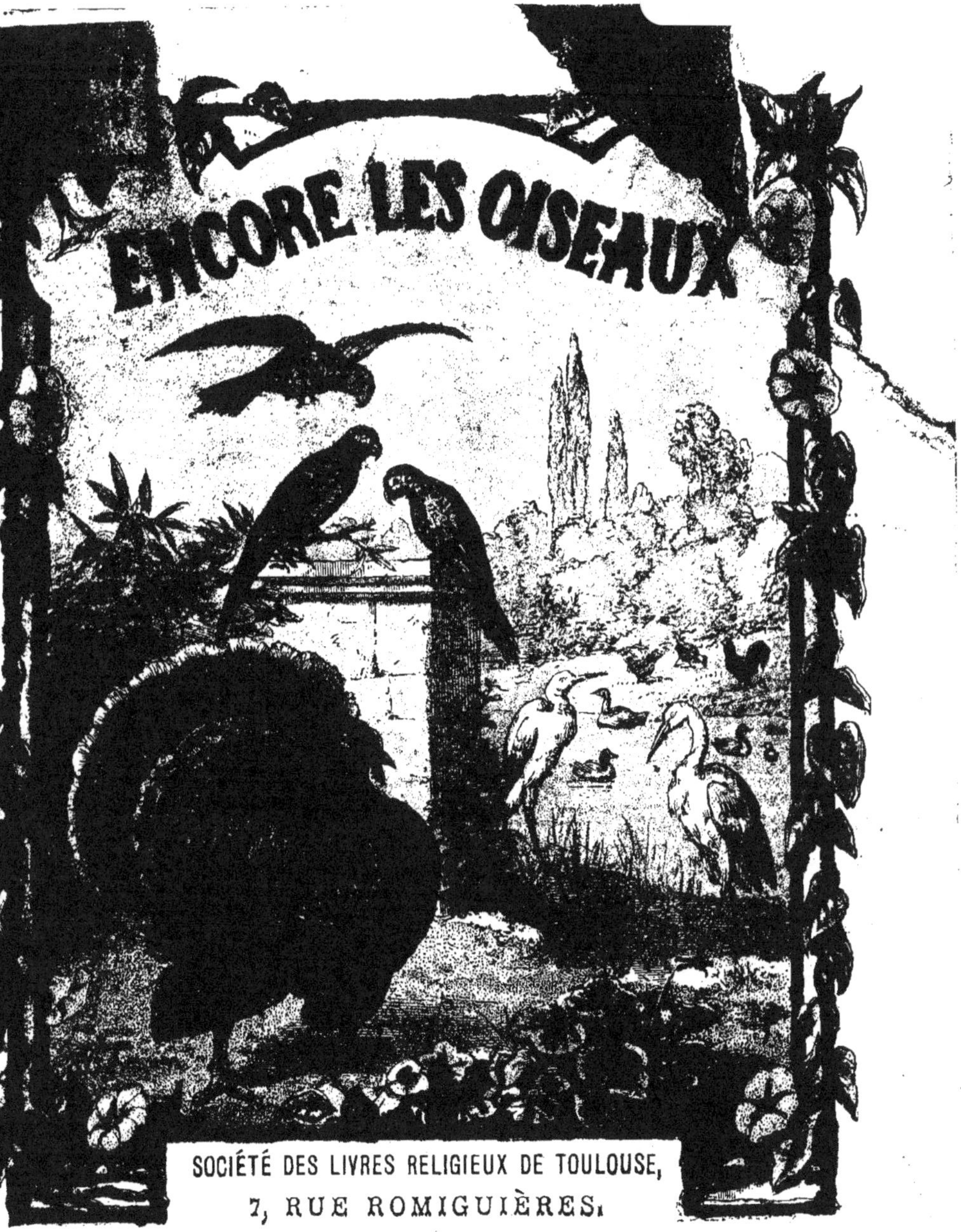

SOCIÉTÉ DES LIVRES RELIGIEUX DE TOULOUSE,
7, RUE ROMIGUIÈRES.

S

(C)

DÉPOT LÉGAL

ENCORE LES OISEAUX

FAISANT SUITE AUX HABITANTS DE L'AIR

PAR

L'auteur de *Visite à une Ménagerie*, etc.

BIBLIOTHÈQUE NATIONALE R.F. IMPRIMÉS

TOULOUSE,
SOCIÉTÉ DES LIVRES RELIGIEUX.
DÉPÔT : RUE ROMIGUIÈRES, 7.

1874

Tous droits réservés.

PUBLIÉ PAR LA SOCIÉTÉ DES LIVRES RELIGIEUX
DE TOULOUSE.

TOULOUSE. — IMPRIMERIE A. CHAUVIN ET FILS, RUE DES SALENQUES, 28.

ENCORE LES OISEAUX.

Où allons-nous aujourd'hui, petits enfants ? Tout d'abord, dans la basse-cour, si vous le voulez bien.

La basse-cour est peuplée d'oiseaux *domestiques*. On appelle de ce nom certains oiseaux qui primitivement vivaient comme les autres en liberté dans les champs ou les bois, mais que l'homme, depuis un temps plus ou moins long, a réduits à une sorte de servitude. Il les a fait venir de pays souvent bien éloignés ; il les a groupés autour de sa demeure ; il les nourrit, les loge, les entretient, si bien que maintenant plusieurs d'entre eux seraient, je pense, fort en peine de se tirer d'affaire par eux-mêmes. Quelques-uns des oiseaux domestiques ne nous procurent que de l'agrément ; la plupart nous sont très-utiles. Leurs œufs et leur chair nous fournissent des aliments sains et délicats. Pauvres oiseaux ! On est parfois tenté de se demander si l'homme a bien le droit de mettre à mort pour, s'en nourrir, tant de belles et innocentes créatures; toutefois, souvenons-nous que c'est justement en vue de l'homme que Dieu a créé tout ce qui subsiste ; et qu'après avoir appelé à l'existence les bêtes des champs et les oiseaux de l'air, il dit à nos premiers parents : « Dominez sur eux et vous les assujétissez. »

LE COQ ET LA POULE.

De tous les oiseaux de basse-cour, le plus intéressant et le plus utile, c'est la *Poule*. La poule, maintenant répandue dans le monde entier, est originaire de l'Inde. Ce vaste pays, qui, vous le savez, je l'espère, forme la partie méridionale de l'Asie, renferme beaucoup de taillis épais, appelés *jongles*. Ces jongles, où l'on trouve encore des poules et des coqs sauvages, étaient habités autrefois, il y a des milliers et des milliers d'années, par des troupes innombrables de ces volatiles. Mais l'homme ne tarda pas à découvrir quels grands services pouvaient lui rendre ces oiseaux. Il les prit dans sa demeure, les apprivoisa, éleva leurs petits ; et c'est ainsi que de peuplade en peuplade, de pays en pays, de continent en continent, la poule et le coq se sont propagés par toute la terre. Je ne pense pas qu'il y ait aujourd'hui un seul point du globe où ces utiles oiseaux soient inconnus. Ils s'acclimatent partout; cependant, les pays très-froids, tels que la Sibérie et le Groënland, leur conviennent moins bien que les climats tempérés. Leur introduction dans notre pays date d'une époque extrêmement ancienne.

Vous avez sans doute remarqué, petits enfants, combien les poules varient de taille, de formes et de couleur. C'est à peine si, dans une basse-cour, on en voit deux qui se ressemblent. Quoique leurs ailes soient amples et bien emplumées, les poules ont un vol pénible et lourd. Evidemment, le Créateur les a destinées, non à planer dans les airs, comme l'aigle ou le corbeau, mais à vivre principalement sur le sol. Leurs pattes sont fortes ; leurs doigts, mal disposés pour s'accrocher aux branches, sont parfaitement conformés pour gratter la terre. La poule est, en effet, une piocheuse infatigable ; du matin au soir elle fouille les champs ou les fumiers, afin d'y découvrir quelque grain ou quelque vermisseau. Elle paraît toujours affamée, et se jette avec avidité sur la moindre pâture. Au reste, ces oiseaux si précieux sont d'un entretien facile. Un peu de blé, d'avoine ou de maïs est pour eux le meilleur des régals ; mais ils s'accommodent de toute espèce de nourriture. Le chant, ou plutôt le cri de la poule, s'appelle *gloussement*. On dit qu'une poule *caquette* lorsqu'elle fait entendre un petit bruit indistinct assez semblable au babil d'un enfant. Non-seulement ces oiseaux vivent dans un état de parfaite domesticité, mais encore ils s'attachent aux personnes qui s'occupent d'eux. J'ai connu, il y a bien des années, une fille de basse-cour qui exerçait sur ses poules une influence sans limites. Quand elle paraissait au milieu d'elles, on eût dit une reine entourée de ses fidèles sujets. Une poule était-elle malade ? elle passait aussitôt à l'infirmerie, et là, se laissait traiter avec une patience exemplaire. Je me souviens qu'une grosse poule noire s'étant cassée la jambe, sa maîtresse lui posa un appareil, lui mit un bandage, et la soigna si bien qu'au bout de huit ou dix jours, la malade fut sur pied. Une autre, affectée d'une énorme fluxion à l'œil et à la joue, se laissa envelopper la tête d'un linge, et ainsi coiffée, passa plusieurs jours dans une corbeille au coin du feu. Petits amis, permettez-moi de vous poser une question : quand vous êtes malades, êtes-vous aussi patients que les poules dont je viens de parler, ou bien seriez-vous de ces enfants hargneux et insoumis qui repoussent avec humeur les tendres soins de leurs parents et crient à tue-tête quand il s'agit d'avaler une potion ?... Examinez-vous et répondez.

Mais entrons dans le poulailler. Qu'y voyons-nous? De rustiques paniers garnis d'un peu de paille y sont suspendus pour servir de nids aux poules. En voici une qui est couchée dans son panier. Sa poitrine est toute nue ; on dirait qu'on l'a plumée. C'est la pauvre bête elle-même qui s'est ainsi dépouillée, afin que ses petits fussent plus au chaud. En voici une autre qui se dispose à quitter son nid. Entendez-la qui glousse d'une manière particulière.

Ah! c'est qu'elle vient de pondre un œuf, un bel œuf d'un blanc rosé, et elle chante, en signe de joie... Bon! voilà une troupe de poussinets qui, tout effarés, se précipitent après leur mère. Qu'ils sont mignons et qu'ils ont l'air éveillé! Leur petit corps, tout rondelet, est couvert d'un duvet gris ou jaune. Jetez-leur quelques poignées de grain, vous verrez comme ils accourront.

La poule est une excellente mère. Sa sollicitude pour sa couvée est passée en proverbe. Dès que le soleil se couche, elle la rassemble sous ses ailes et la couvre de ses plumes comme d'un rideau protecteur. Un chat ou un chien se permet-il de s'élancer au milieu de sa jeune famille? Elle lui tient bravement tête, hérisse ses plumes, et oblige l'insolent à prendre la fuite. Aperçoit-elle bien haut dans les airs un oiseau de proie qui plane au-dessus de la basse-cour? Aussitôt, elle fait entendre un cri rauque, qui veut dire apparemment : « Enfants, venez ici, un danger vous menace. » Et les petits de se réfugier au plus vite sous les ailes de leur mère. Au reste, je dois dire, à la louange des poussins, qu'en général, ils sont dociles et empressés à obéir; dès que la poule les appelle, ils accourent de toute la vitesse de leurs petites jambes. Je connais bien des enfants qui agissent tout au rebours des poussins et qui prennent un singulier plaisir à ne pas faire ce qu'on leur commande. Triste disposition que celle-là! « Enfants, obéissez à vos pères et à vos mères en toutes choses! » a dit le Seigneur.

Le commerce des œufs est très-important. On assure qu'en France, il se vend chaque année environ DIX MILLIARDS d'œufs, qui rapportent au moins 500 millions de francs. L'Angleterre, à elle seule, nous en achète annuellement pour plusieurs millions. Vous voyez qu'à la lettre la poule est un vrai trésor.

Le *Coq* est le mari de la poule. En général, il est plus grand qu'elle, et beaucoup plus beau. Les plumes de son cou ont des reflets métalliques; elles brillent au soleil comme de l'or. Il a une longue queue en panache, et sur la tête une large crête d'un rouge écarlate. Son œil est vif, sa démarche altière, son air superbe : on dirait un soldat sous les armes. C'est sans doute pour cela qu'on dit souvent de quelqu'un qui se donne de grands airs :

« Il est fier comme un coq. » Mais si le coq a le tort d'être fier, en revanche, il possède bien des qualités. Et d'abord, il est courageux. Poules et poussins ont en lui un protecteur dévoué. Puis, il est généreux, il aime à donner. Fait-il quelque bonne trouvaille en grattant la terre? Au lieu de s'en régaler, il avertit les poules, et la première arrivée a le friand morceau. Bonne leçon, n'est-ce pas? pour ces enfants égoïstes qui, bien loin de partager avec leurs camarades les friandises qu'on leur donne, se retirent dans un coin pour les dévorer à leur aise.

Vous connaissez tous le chant du coq. Sa voix est claire, aigüe, retentissante comme un clairon. C'est le premier son qu'on entend le matin dans la campagne. On dirait que le coq nous crie : « Le temps du sommeil est passé! Le temps du travail est venu! » Les habitudes matineuses de cet oiseau en ont fait l'emblème de la vigilance. Avant que le soleil se lève, il est debout. Encore un bon exemple que le coq nous donne. Comme lui, soyons diligents; fuyons l'inaction et la mollesse.

Est-il parlé de la poule et du coq dans la sainte

Ecriture? Souvent dans le Nouveau Testament, jamais dans l'Ancien : ce qui ferait croire que ces oiseaux, connus en Judée au temps de Notre Seigneur Jésus-Christ, ne l'étaient point du temps de Moïse et des prophètes. Vous savez que le soir même qu'il fut trahi, notre cher Sauveur avait dit à son apôtre Pierre : « Avant que *le coq ait chanté* » (c'est-à-dire, avant que le soleil de demain ait lui sur la terre) « tu me renieras trois fois. » Vous vous souvenez aussi, je l'espère, des tendres et douloureuses paroles que le Fils de Dieu prononça sur la ville rebelle qui refusait de croire en lui : « Jérusalem! Jérusalem! combien de fois ai-je » voulu rassembler tes enfants *comme une poule* » *rassemble ses poussins sous ses ailes* et vous ne » l'avez pas voulu! » Ce que Jésus avait désiré faire pour les habitants de Jérusalem, il veut le faire pour chacune de nos âmes. Il veut le faire pour la tienne, petit enfant. Il t'invite à venir à lui; il te presse de lui donner ton cœur. Si tu refuses d'écouter sa voix, il pleurera sur toi comme il pleura sur Jérusalem, et il dira : « J'ai voulu sauver cette jeune âme, mais *elle* ne l'a pas voulu! » Oh! petit enfant, n'endurcis pas ton cœur, et, dès aujourd'hui, réponds au Seigneur Jésus :

Tel que je suis, pécheur rebelle,
Au nom du sang versé pour moi,
Au nom de ta voix qui m'appelle,
Jésus, je viens à toi !

LE DINDON.

Le *Dindon* est le plus gros des oiseaux de basse-cour. Voyez-le, se promenant dans ses domaines, la queue déployée en éventail et la tête fièrement redressée. Comme il se rengorge! Comme il se carre! Ne dirait-on pas un sot personnage tout bouffi de vanité? Les poules et les poulets ne l'aiment guère, car il est arrogant et querelleur, et le querelleur, quel qu'il soit, n'est jamais aimé. Son cri, qu'on appelle quelquefois un *glougloussement*, n'est certes pas beau ; mais, quand j'étais enfant, j'aimais beaucoup à l'entendre. Le plumage du dindon est d'un noir

pur, sauf le bout des ailes qui est souvent blanc ou gris. Il porte sur la tête une longue peau ou membrane rouge, qui retombe sur son bec, ce qui lui donne un air farouche. La dinde est plus petite que son mari. Elle est meilleure personne et fait moins d'embarras que lui; mais elle passe pour peu intelligente, et n'est point une mère aussi soigneuse que la poule. Quoique moins précieux pour l'homme que le coq et la poule, le dindon et la dinde lui sont pourtant fort utiles. Leur chair est très-estimée. On élève un grand nombre de ces oiseaux dans notre pays, surtout dans les départements du Midi. Les œufs de dinde, beaucoup plus gros que ceux de poule, sont d'un blanc terne, parsemé de taches brunes.

Le dindon est aussi appelé *Coq d'Inde*, et beaucoup de personnes en concluent que cet oiseau nous vient, comme la poule et le coq, du sud de l'Asie, c'est-à-dire des Indes *orientales*. C'est une erreur. Le dindon est originaire de l'Amérique. Mais le Nouveau Monde fut longtemps désigné sous le nom d'*Indes occidentales* : de là le nom de Coq d'*Inde*, dont on a fait plus tard celui de *dindon*. Ce fut en l'année 1498 que le grand navigateur Christophe Colomb découvrit le continent de l'Amérique; il n'y a donc guère plus de trois cents ans que le dindon est connu en Europe. Les premiers de ces oiseaux qui furent mangés en France figurèrent, paraît-il, au repas de noces du roi Charles IX.

Nous voyons si rarement les dindons faire usage de leurs ailes, que peut-être avons-nous pensé qu'ils ne savent pas s'en servir. Détrompons-nous. Dans certaines parties de l'Amérique du nord, il y a de grands troupeaux de dindons sauvages. En automne ils émigrent, c'est-à-dire qu'ils passent d'un pays à un autre. Le plus souvent, ils voyagent à pied, les vieux formant l'avant-garde, et les dindes et leurs familles venant après. Mais quand un large fleuve se trouve sur leur chemin, ils font halte, semblent se concerter; puis, à un signal donné par les chefs, toute la bande prend son essor. D'ordinaire elle parvient sans accident à l'autre rive, mais si un dindonneau, épuisé de fatigue, tombe dans le fleuve, il se soutient fort habilement sur l'eau à l'aide de sa queue déployée, et nage vigoureusement jusqu'à ce qu'il ait atteint le bord. Les dindons sauvages sont plus beaux et plus forts que notre dindon domestique. Ils courent si vite que les chasseurs peuvent rarement les atteindre. Leur nourriture consiste principalement en faînes (ou fruits du hêtre) qu'ils trouvent en abondance dans les immenses forêts du Nouveau Monde. Ils mangent aussi des glands, des baies sauvages, du maïs, des insectes, des grenouilles et des lézards. Les dindons sont de mauvais pères de famille; il se déchargent sur la dinde de tous les soucis du ménage. C'est sur le sol, entre deux troncs d'arbre, ou au milieu d'un fourré, que celle-ci établit son nid : une couche de feuilles sèches en fait tous les frais. Là, elle dépose dix, quinze ou même vingt œufs, qu'elle a soin, chaque fois qu'elle s'éloigne du nid, de recouvrir avec des feuilles : précaution bien nécessaire, car le corbeau, le renard, le lynx et les énormes serpents qui peuplent les forêts de l'Amérique sont très-friands de ces œufs. Voyez, mes chers enfants, comme la bonne providence de Dieu a donné, à chacune de ses créatures, même aux plus bornées, l'instinct qu'il leur faut pour veiller à la conservation de leur jeune famille.

LE PAON.

Regardez la gravure coloriée. Vous savez, n'est-il pas vrai? le nom de cet oiseau qui est perché sur le mur. C'est un *Paon*. Comment ne pas le reconnaître à ses riches couleurs, à la brillante aigrette qui couronne son front comme un diadème de pierreries, et surtout, à sa queue éblouissante qui traîne majestueusement derrière lui comme un manteau de cour? Plus on regarde le paon, plus on est émerveillé de sa beauté. C'est le plus magnifique de tous les oiseaux .A l'exception de ses pieds qui sont très-gros, tout, en lui, est d'une suprême élégance. Ses longues plumes, vertes et pourpres, aux reflets chatoyants, sont marquées à leur extrémité d'un bel œil d'or. C'est vraiment au paon, que l'on pourrait dire ce que le renard de la fable disait au corbeau :

« Sans mentir, si votre ramage
» Se rapporte à votre plumage,
» Vous êtes le phénix des hôtes de ces bois. »

Mais il n'y a pas de phénix dans ce monde ; l'imperfection est partout. La voix du paon est aussi désagréable que son plumage est beau. Son cri rauque, discordant, étrange, vous écorche les oreilles.

Les paons sont originaires de l'Asie. Ils abondent tellement dans les forêts de l'Inde, qu'en certains endroits, la terre est jonchée de leurs plumes. Un voyageur raconte qu'en traversant des jongles, il vit dans l'espace d'une heure, douze à quinze cents de ces superbes plumes. Le vol des paons est gracieux et rapide. Ils perchent dans les grands arbres, mais font leur nid sur le sol. Ce nid, caché dans des buissons touffus, est composé de bâtons recouverts de feuilles. Je regrette de dire que le paon, comme le dindon, est très-mauvais père : quand il le peut, il casse les œufs, ou tue les petits; mais la paonne est une mère vigilante et dévouée. Pas plus que la poule ne ressemble au coq, la paonne ne ressemble à son mari. Elle n'a ni les riches couleurs, ni la queue merveilleuse de celui-ci. Sa robe est brune, son air modeste. Vous le voyez, chez les oiseaux comme chez les hommes, ce qui brille le plus n'est pas toujours ce qui vaut le mieux.

Les paons étaient connus et admirés des anciens.

La sainte Ecriture nous apprend que Salomon, le plus habile et le plus puissant des rois d'Israël, s'en fit apporter, sans doute pour orner ses jardins de plaisance. On croit que le paon fut introduit en Europe, environ 100 ans avant Jésus-Christ, par un grand général nommé Alexandre, qui avait étendu ses conquêtes jusqu'aux Indes. Aujourd'hui, cet oiseau, devenu domestique, est répandu à peu près dans tous les pays tempérés et fait le plus bel ornement de nos basses-cours. Il aime aussi à errer dans les jardins ou dans les parcs, et à faire la roue dans les allées sablées. Qu'il a l'air glorieux alors ! Qu'il se pavane complaisamment au grand soleil ! « Regardez et admirez ! » semble-t-il dire à tous les passants. Evidemment il est fier de sa beauté, et ce qui le prouve, c'est que lorsqu'il perd les longues plumes de sa queue, il a l'air tout honteux et se tient caché jusqu'à ce qu'elles aient repoussé.

Il est beaucoup de gens dans le monde, qui, sans avoir la belle queue du paon, ont son orgueil et sa vanité. N'en connaissez-vous pas, petits enfants ? Moi, j'en connais, et je veux vous parler de deux d'entre eux.

Je connais une petite fille à qui Dieu a donné des cheveux blonds, des yeux bleus et les fraîches couleurs de la santé. De sots flatteurs lui ont dit qu'elle était jolie, et maintenant elle ne pense qu'à minauder devant son miroir, qu'à tortiller ses cheveux et qu'à se faire admirer. Cette petite fille est vaniteuse comme un paon.

Je connais un jeune garçon que son bon père vient de faire habiller de neuf. Je l'ai vu dimanche, se rendant à la maison de Dieu. Quelle démarche importante il avait ! quel air satisfait de lui-même ! En passant devant ses camarades, il se rengorgea de plus belle. S'il l'eût osé, je crois qu'il aurait crié : « Place pour mon costume neuf, mon chapeau de paille et mes souliers vernis ! » Ce jeune garçon est vaniteux comme un paon.

Qu'en dites-vous, petits amis : entre vous et ces portraits, n'y a-t-il aucun point de ressemblance ?... Oh ! je vous en supplie, résistez à l'orgueil. Comprenez que le vaniteux est un sot, dont tout le monde se moque et que Dieu regarde avec déplaisir. Voulez-vous devenir de vrais disciples du Seigneur Jésus ? commencez par renoncer à l'orgueil.

Le sentier de l'humilité est le seul qui mène au ciel.

LE PIGEON.

Et les habitants du pigeonnier, n'en dirons-nous rien? C'est un bien bel oiseau que le ***Pigeon.*** Sa tête est jolie, son œil vif, sa démarche gracieuse. Quant à la couleur de sa robe, vous savez qu'elle n'est point uniforme. Il y a des pigeons d'une blancheur de neige; d'autres sont d'un beau noir bleuâtre, d'autres encore sont gris ou fauves. Chez quelques-uns, le plumage de la gorge a de superbes reflets; certaines espèces ont de petites plumes tout le long de la jambe et jusque sur la patte. Le chant du pigeon est monotone, mais très-doux : on l'appelle *roucoulement.* Il y a de nombreuses variétés de pigeons, les unes domestiques, les autres sauvages. Savez-vous que la douce *colombe* et la jolie *tourterelle*, que vous pouvez avoir vues en cage, ne sont autre chose que des espèces de pigeons des bois? Ces charmantes créatures, aux formes si fines, aux nuances si délicates, recherchent la solitude, et leur roucoulement plaintif et tendre produit le plus touchant effet, au milieu du silence de la nature.

Il serait fort difficile de dire quelle fut la patrie première du pigeon, car, dès les temps les plus reculés, cet oiseau paraît avoir été connu en tous pays. L'Ecriture sainte fait souvent mention du pigeon et de la colombe. La première fois qu'elle nous en parle, c'est dans la terrible histoire du Déluge. Lorsque les torrents de pluie qui avaient fait périr tout le genre humain eurent cessé d'inonder la terre, le saint homme Noé, renfermé dans son arche, lâcha un pigeon, afin de voir si les eaux commençaient à baisser; mais celui-ci, ne trouvant ni un toit, ni une branche d'arbre, ni même une pointe de rocher où il pût poser la plante de son pied, retourna bien vite dans l'arche, car les eaux couvraient encore la terre. — Le Seigneur Jésus recommande à ses disciples d'être « simples comme la colombe. » La colombe est l'emblème de la candeur, de l'innocence, de la pureté; elle n'a ni ruse ni malice. Oh! tâchons de lui ressembler, et d'obéir ainsi à notre cher Sauveur.

Les mœurs des pigeons sont intéressantes, je dirai même respectables. Le père et la mère « s'aiment d'amour tendre, » et s'occupent avec une égale sollicitude de l'éducation de leurs petits. Rien n'est laid comme des pigeonneaux sortant de l'œuf. Ils sont nus comme des vers et ont une tête énorme; de plus, ils sont aveugles, et ne peuvent par conséquent se nourrir eux-mêmes. Que font les parents? Ils dégorgent dans le bec des petits un liquide laiteux assez semblable à de la bouillie et qui n'est autre chose que les aliments à moitié digérés qu'ils ont pris eux-mêmes. Il suffit de placer quelques couples de pigeons dans un colombier pour en avoir bientôt une famille considérable. Ils s'attachent beaucoup à leur maison; le jour, ils la quittent pour aller chercher leur nourriture, mais le soir, ils y reviennent fidèlement. Des colonies de pigeons se fixent très-souvent dans les vieux édifices des grandes villes. Ils n'appartiennent à personne, pourvoient eux-mêmes à leur subsistance, et ne paraissent nullement intimidés par le voisinage de l'homme.

La chair du pigeon est saine et agréable au goût. En divers pays, cependant, en Russie par exemple, un préjugé religieux empêche de la manger. Ce préjugé est d'autant plus surprenant que le pigeon n'est même pas du nombre des oiseaux que la loi de Moïse considérait comme impurs. Non-seulement les Israélites pouvaient s'en nourrir, mais en certains cas, ils devaient offrir en sacrifice, sur l'autel du Seigneur, des tourterelles ou des pigeonneaux.

Il y a une espèce de pigeons qu'on a surnommés *voyageurs*, parce qu'ils émigrent d'un pays à un autre. Ces pigeons, au plumage d'un gris bleuâtre, à la belle queue ondoyante, se trouvent en nombre extraordinaire dans l'Amérique du Nord. Ils nichent dans les grands bois de hêtres dont les faînes leur servent de nourriture : on a vu quelquefois jusqu'à cent nids sur un seul arbre. A certaines époques fixes, racontent des témoins dignes de foi, des milliers et des millions de ces oiseaux obscurcissent le ciel, et voyagent avec une prodigieuse rapidité. On assure qu'ils parcourent trente à quarante lieues à l'heure. Je vous laisse à penser si les chasseurs font des ravages dans leurs rangs. Quand la colonne s'arrête, soit pour se reposer, soit pour prendre de la nourriture, on peut même les tuer à coups de bâton. Souvent la branche sur laquelle ils se posent par milliers, se casse sous le poids. L'arrivée des pigeons dans une contrée est considérée comme une heureuse aubaine. Tout le monde est sur pied. Pendant plusieurs jours on ne mange que du pigeon et on en sale pour l'hiver. Malgré tout ce carnage, quand la bande repart, elle a l'air aussi nombreuse qu'auparavant.

Mais le plus intéressant des pigeons est sans contredit le pigeon *messager*. A quelque distance qu'on l'amène du lieu où sont restés ses petits, cet intelligent oiseau sait trouver son chemin dans les airs, et en quelques heures, il est de retour auprès des objets de sa tendresse. L'homme, si habile à tirer parti de toutes choses, n'a pas manqué d'utiliser à son profit ce remarquable instinct : il a fait du pigeon son courrier. Les peuples anciens eux-mêmes se servaient quelquefois de ce messager aérien; toutefois, il n'y a guère qu'une soixantaine d'années qu'on s'occupa sérieusement de l'éducation du pigeon. Ce fut surtout en Belgique, en Hollande et dans le nord de la France que des expériences furent tentées. Il y eut des éleveurs de pigeons. On en lâchait un certain nombre à une heure dite et celui qui regagnait son colombier dans le temps le plus court remportait le prix. Il y avait même une poste aux pigeons qui allait d'Amsterdam à Londres en six heures. Mais les services que peuvent rendre ces volatiles n'ont jamais été mieux appréciés que pendant la dernière guerre qui a désolé notre chère patrie. Quelque jeunes que vous soyez, vous en avez sûrement entendu parler. Pendant plusieurs mois, Paris assiégé ne reçut d'autres nouvelles de la province que celles qui lui étaient apportées par ces fidèles courriers. Les ballons qu'on lançait de la capitale contenaient toujours plusieurs pigeons encagés. Dès qu'un ballon touchait terre, on les recueillait soigneusement; et, après avoir attaché sous leur aile, ou bien inséré dans le tuyau d'une des plumes de leur queue, une dépêche écrite en caractères très-fins, on leur donnait la liberté. Où allaient-ils, pensez-vous? Ils se dirigeaient en ligne directe vers le lieu où les attendait leur famille, c'est-à-dire vers Paris, et, au bout de quelques heures, rentraient dans leur colombier. Leur arrivée était un important événement. Un employé, toujours en sentinelle pour les attendre, les débarrassait aussitôt de leurs dépêches.

Ces précieux oiseaux diffèrent un peu du pigeon commun : ils sont plus robustes, ont l'œil plus perçant et le vol plus rapide. On assure que, dans une *seconde*, c'est-à-dire pendant que la pendule fait *tic-tac*, ils peuvent parcourir jusqu'à 28 mètres. Jamais ils ne prennent leur vol à la légère, mais ils commencent par s'élever très-haut dans les airs en décrivant de larges cercles, comme pour reconnaître tous les points de l'horizon, puis se dirigent à tire d'aile vers leur colombier. N'est-ce pas admirable, petits amis? De quel instinct à la fois touchant et merveilleux Dieu a doué ce pigeon! Et que d'efforts, que de pénétration, que de persévérance, il a fallu à l'homme pour parvenir à utiliser cet instinct!

LE CANARD.

Entre le pigeon et le *Canard*, quel contraste! La démarche du premier est légère et élégante; celle du second est lourde et disgracieuse. Le premier a le bec pointu; le second l'a aplati et large comme une pelle. Le premier a de jolies pattes fines et déliées, munies de doigts crochus; le second a de grands pieds plats dont les doigts sont réunis par une membrane appelée *palmure*, assez semblable à de la grosse toile. Pourquoi ces différences? Parce que le Créateur a destiné le pigeon à vivre dans les airs et à percher sur les arbres, tandis que le canard est avant tout un oiseau nageur ou *aquatique*. Regardez-le descendant le ruisseau. Comme il a l'air heureux! Ne voit-on pas que l'eau est son élément de prédilection? Il nage avec aisance et même avec grâce, ses pieds palmés faisant l'office de petites rames légères, admirables pour naviguer.

Il existe une infinité d'espèces de canards de toutes tailles et de toutes couleurs : plusieurs ont un plumage d'une beauté remarquable. Les canards domestiques occupent dans nos basses-cours une place importante. Leur chair est estimée, ainsi que leurs œufs. De leur plume, on fait des oreillers et des coussins. Plus vorace que délicat, le canard est facile à nourrir. Il mange de l'herbe, du son, du grain, des débris de toute sorte. Il fait aussi la guerre aux insectes et aux limaces. La femelle du canard se nomme une *cane*. La cane est très-bonne mère. Quand elle veut conduire sa couvée à l'eau, elle ouvre gravement la marche, et les canetons suivent un à un, à la file, en se dandinant comme leur mère.

Le canard est originaire des régions du nord; mais il est maintenant peu de pays où on ne le trouve à l'état sauvage. On en distingue plusieurs variétés, qui toutes sont considérées comme un gibier excellent. Les canards sauvages font leur nid près de l'eau, dans les herbes et les joncs : plus agiles que leurs frères de basse-cour, ils volent très-haut et très-bien, et accomplissent, deux fois l'an, de longs voyages. Ces oiseaux, n'aimant pas les fortes chaleurs, partent au printemps pour les pays du nord : ils sont nombreux en Ecosse, en

Suède et en Russie. Mais à l'entrée de l'hiver, ils regagnent le midi de l'Europe. Ils voyagent par troupes nombreuses, sous la conduite d'un chef de file. C'est alors que nous les voyons apparaître en France, où ils se dispersent dans les marais et sur le bord des rivières. Lorsqu'ils arrivent de bonne heure dans les contrées méridionales, on peut prédire, sans crainte de se tromper, que l'hiver sera rigoureux et précoce. Les canards connaissent-ils donc l'avenir ? Sont-ils sorciers ou devins ? Oh ! non ; mais la Divine Providence,

... *Dont* la bonté s'étend sur toute la nature,

leur a donné l'instinct nécessaire pour fuir au moment voulu les neiges et les frimas. Il y a pourtant quelques espèces de canards qui n'émigrent guère et qui habitent toujours le nord de l'Europe. Il en est une surtout bien intéressante, dont je veux vous parler avec quelques détails : c'est l'*Eider*.

L'eider se trouve en grande abondance sur les côtes de la Norwége, de la Laponie et surtout de l'Islande. Il paraît qu'il préfère l'eau salée à l'eau douce, car il habite toujours les bords de l'océan et jamais le voisinage des rivières. Cet oiseau qui a près de deux fois la taille du canard domestique, est encore plus disgracieux que lui dans sa marche; mais dès qu'il se plonge dans la mer, il est alerte et plein de vivacité. La chair de l'eider n'est pas bonne à manger; ses œufs, au contraire, passent pour un mets excellent; mais c'est surtout à sa plume ou, pour mieux dire, à son duvet, que cet oiseau doit sa grande célébrité. Plus d'un de mes petits lecteurs ont certainement sur leur lit pendant l'hiver un chaud et moelleux coussin qu'on appelle un *édredon*. Eh bien, cet édredon est rempli du léger duvet fourni par le canard eider. L'édredon est si souple, si élastique, que deux ou trois poignées pressées suffisent pour ouater un couvre-pieds de deux mètres carrés. C'est un article de commerce très-important. Le prix en est élevé. L'Islande seule en exporte, dit-on, mille kilogrammes par an. Aussi les Islandais tiennent-ils beaucoup à leurs eiders; les lois du pays les protégent, et tout homme convaincu d'avoir fait du mal à un de ces oiseaux est passible d'une forte amende. L'eider comprend-il qu'il est entouré d'amis? Je l'ignore; toujours est-il que le voisinage de l'homme ne l'intimide pas. Il niche de préférence dans le creux des rochers, ou sur de petits îlots près du rivage; toutefois, il n'est pas rare de voir des nids d'eiders jusque dans les rues et sur le toit des maisons. Mais comment se procure-t-on le précieux duvet? Ne faut-il pas commencer par tuer l'oiseau avant de s'emparer de ses dépouilles? Pas du tout. Quand les eiders ont construit leur nid, qui se compose de petits bâtons, de mousse et de plantes marines, la femelle en tapisse l'intérieur avec le duvet qu'elle arrache de sa poitrine. C'est alors qu'a lieu la première visite aux nids. On ne fait aucun mal à l'habitant du nid, mais on enlève doucement le duvet dont il avait garni sa demeure. Que fait alors madame Eider? Elle plume de nouveau sa poitrine et remplace la doublure qu'on avait dérobée. Nouvelle visite aux nids, nouvelle récolte de duvet. Patiente et résignée, la pauvre mère se remet encore à l'œuvre; seulement, comme sa poitrine est à nu, c'est à son mari qu'elle arrache cette fois les plumes destinées au berceau de leurs enfants. Mais les plus débonnaires se lassent à la fin. Si l'on revient à la charge, si on pille encore le nid, les eiders vont chercher ailleurs un lieu plus sûr pour s'y établir et semblent ainsi protester contre l'indiscrétion et la cupidité de l'homme.

Le dévouement des eiders ne vous fait-il point songer, petits enfants, au dévouement infiniment plus tendre et plus touchant dont votre mère entoura votre berceau? Elle aussi est prête à se dépouiller pour vous, à se priver, au besoin, du nécessaire afin que rien ne vous manque. Et vous, que faites-vous pour elle, petits enfants? L'entourez-vous de respect, de reconnaissance et d'amour, et bénissez-vous le Seigneur qui vous l'a donnée?

L'OIE.

Ne connaissez-vous pas un oiseau de basse-cour, plus gros que le canard, mais qui a beaucoup de ressemblance avec lui? C'est l'*Oie*, n'est-il pas vrai? L'oie est aussi un oiseau aquatique; elle a les pieds palmés, le bec plat, la démarche disgracieuse. Son plumage n'a pas les nuances variées et les brillants reflets de celui du canard ; sa robe est le plus souvent grise et blanche. La voix de cet oiseau est particulièrement désagréable : un troupeau d'oies fait un bruit qui vous étourdit et vous agace. L'oie est courageuse, hardie, insolente même. Je l'ai vue bien souvent, son long cou tendu et ses ailes frémissantes, poursuivre avec des glapissements de colère, des chiens, des enfants et même de grandes personnes. Vous connaissez probablement le proverbe : « Bête comme une oie. » Il est sûr que cet oiseau à l'air passablement stupide ; toutefois, il ne manque, comme vous l'allez voir, ni d'intelligence, ni d'instinct affectueux. Une dame avait élevé une jeune oie, et celle-ci avait fini par tellement s'attacher à sa maîtresse qu'elle la suivait par toute la maison, et même dans les rues, comme un chien. Une autre conduisait tous les dimanches à l'église sa maîtresse, qui était âgée et aveugle. Pendant le sermon elle allait butiner dans les champs, puis l'office terminé, elle reprenait la vieille femme par un coin de son tablier et la menait saine et sauve chez elle. Les oies savent pourvoir à leur nourriture ; elles paissent dans les champs comme les moutons ; mais, bien plus intelligentes que ces quadrupèdes, elles ont à peine besoin d'être surveillées et savent se défendre en cas d'attaque. Elles peuvent même remplacer dans les fermes les chiens de garde; car pour peu qu'elles entendent la nuit un bruit inusité, elles donnent l'alarme par leurs cris.

L'oie domestique est plus ou moins répandue dans tous les pays. Elle est fort utile à l'homme. Sa chair, fraîche ou salée, est un aliment agréable. De sa plume, on fait des oreillers et autres articles de literie. Avant l'invention des plumes métalliques, qui ne remonte guère qu'à une quarantaine d'années, on se servait pour écrire, des grosses plumes de ses ailes.

A l'état sauvage, les oies ont à peu près les mêmes mœurs que leurs cousins les canards. Comme ceux-ci, elles changent de climats, suivant les saisons. En Amérique, leur nombre est immense. A l'approche de l'hiver, on les voit se dirigeant par volées épaisses du Nord au Midi. Rien ne les arrête : elles volent, nagent et plongent à la perfection. Je vais vous raconter les aventures d'une oie sauvage. Un fermier du Canada étant à la chasse, aperçoit une jeune oie dans les airs, et lui tire un coup de fusil. La pauvre bête tombe à terre. Le fermier la ramasse, et voyant qu'elle n'a qu'une légère blessure, l'emporte chez lui et la met dans la basse-cour. L'oie guérit et devint bientôt aussi privée que ses sœurs domestiques. Au printemps suivant, une troupe d'oies voyageuses, en route vers le Nord, passa un jour au-dessus de la ferme. Tout à coup, le chef de la bande fait entendre un sifflement aigu. A ce signal bien connu, notre jeune oie tressaille ; ses instincts de liberté se réveillent ; elle s'élève joyeusement dans les airs, rejoint les voyageurs et disparaît avec eux. Le fermier ne pensait plus à son oie, quand, à l'automne, de nombreuses volées de ces oiseaux traversèrent de nouveau le pays. Un jour qu'il les regardait passer, il en vit trois qui se détachèrent de la bande, tournoyèrent longtemps au-dessus de la ferme, puis finirent par se poser dans la cour. Jugez de la surprise du fermier lorsqu'il reconnaît à des signes certains, dans la plus grosse des trois, la fugitive du printemps ! Oui, c'était bien elle, qui, après avoir couru le monde, revenait avec ses deux enfants, jouir des douceurs de la civilisation. Il va sans dire qu'un gracieux accueil fut fait aux nouvelles arrivées, qui renoncèrent définitivement à leur vie de voyages et d'aventures.

LE CYGNE.

Que j'aime à voir de beaux cygnes glisser majestueusement, sans bruit et sans effort, sur une tranquille pièce d'eau! Que d'élégance dans leur attitude! Leur plumage d'une blancheur de neige; leurs ailes arrondies qu'ils soulèvent comme des voiles gonflées par le vent; leur long cou gracieusement arqué; leur large queue en éventail : tout en eux excite mon admiration. Sur terre ferme, c'est autre chose. Autant ils ont de dignité et de grâce sur l'eau, autant ils paraissent alors gauches et maladroits. Que voulez-vous! à chacun son élément ici-bas. Heureux ceux qui remplissent bien la place que Dieu leur a assignée!

Le cygne, comme l'oie et le canard, est un *palmipède*, c'est-à-dire qu'il a de grands pieds palmés qui lui servent de rames. Le *Cygne commun*, celui qui vit depuis si longtemps à l'état domestique sur nos lacs et nos bassins, est originaire de l'Europe et de l'Asie. On trouve un grand nombre de ces oiseaux en Sibérie et sur les rives de la mer Caspienne. Ils habitent les marais, le bord des cours d'eau et font leurs nids parmi les plantes aquatiques. Le cygne commun est un des rares oiseaux qui sont privés de voix : il est muet. D'un naturel paisible et doux, mais doué d'une grande force, il devient, quand on le provoque, un ennemi redoutable : on assure que d'un coup d'aile, il peut renverser un homme et lui casser la jambe. Sa nourriture consiste en feuilles, en graines, en racines, et peut-être en insectes ; mais il ne mange jamais de poisson, comme on l'a longtemps cru. La vie des cygnes est très-longue ; on en cite qui ont vécu jusqu'à cent ans. Chose singulière ! lorsque les petits sortent de l'œuf, ils ressemblent à des oisons ; leur duvet est d'un gris foncé, et ce n'est qu'à l'âge de trois ans qu'ils revêtent leur blanche parure.

Il y a dans les régions tout à fait septentrionales un cygne qu'on appelle *à bec noir,* pour le distinguer du commun, dont le bec est jaune orange. Il est plus petit que celui-ci et n'est point muet comme lui : sa voix est au contraire aiguë, retentissante, mais fort désagréable. Comme les canards sauvages, les cygnes à bec noir quittent les régions arctiques à l'approche de l'hiver. Il en arrive de grandes troupes en Suède, en Angleterre et jusque sur les côtes de France. Il y en a aussi beaucoup en Amérique. Leur vol n'est guère moins rapide que celui de l'aigle. Ils franchissent dans une heure des distances de 50 à 60 lieues ; aussi les chasseurs qui les guettent au passage et qui leur envoient une balle manquent-ils souvent leur coup. Pourquoi l'homme, ce grand destructeur, fait-il la guerre aux cygnes? Leur chair est-elle bonne à manger? Non, mais leur duvet léger, vaporeux, d'une blancheur éblouissante, est d'une grande valeur. On l'emploie en guise de fourrure, et on en fait des manchons, des boas, des garnitures de robes, etc. Quelqu'une de mes petites lectrices a probablement un article de toilette garni de ce joli duvet. — Mais le cygne d'Amérique a un ennemi bien plus redoutable que l'homme : c'est le grand aigle à tête blanche. Le chasseur manque souvent sa proie ; l'aigle l'atteint toujours. Il paraît que le cygne est son gibier de prédilection ; car souvent on le voit immobile sur un rocher qui domine un lac ou une rivière, regardant avec une dédaigneuse indifférence les canards sauvages et autres oiseaux aquatiques qui volent en dessous. Mais le cri perçant du cygne se fait-il entendre? Aussitôt, il redresse la tête, il agite ses ailes, il se prépare à la lutte; puis, dès que le cygne paraît, il fond sur lui comme un trait, le poursuit, le harcelle, décrit autour du malheureux des cercles toujours plus étroits, jusqu'à ce qu'enfin, haletant, meurtri, épuisé, le cygne tombe à terre. Le roi des oiseaux enfonce alors ses terribles serres dans les flancs de sa victime et la dévore sur place, aidé le plus souvent par sa compagne, qui arrive à tire d'aile pour avoir part au festin.

Et du *Cygne noir*, ne vous dirai-je rien ? Il se trouve en Australie , cette cinquième partie du monde si riche en bizarreries de la nature. Il abonde près des lacs et des grandes rivières : l'une d'elles porte même le nom de *Rivière des Cygnes*, à cause du nombre de ces oiseaux qui naviguent sur ses ondes.

Quoique moins joli que le blanc, le cygne noir ne manque pas de beauté. Il commence à se répandre en Europe, dont il supporte très-bien le climat et les habitudes.

Le cygne est nommé une seule fois dans l'Ecriture sainte : il était défendu au peuple d'Israël de manger sa chair.

LE PÉLICAN.

Le *Pélican* est un oiseau aquatique de première taille. De l'extrémité du bec jusqu'au bout de la queue, il mesure environ deux mètres, et ses ailes déployées n'ont pas moins de quatre mètres d'étendue. Quoique si volumineux, cet oiseau peut s'élever à une grande hauteur et faire de longs voyages aériens. Originaire des climats chauds, il abonde dans certaines contrées de l'Afrique et de l'Asie, et même dans les régions méridionales de l'Europe. Il se tient par bandes nombreuses soit au bord de la mer, soit sur les rives des fleuves ou des lacs. La mer Noire et la mer Caspienne en sont littéralement couvertes. L'Amérique et l'Australie en possèdent aussi des variétés. La robe des pélicans varie suivant leur âge : il y en a de tout blancs, de rosés, de jaune paille. En général, le dos a une teinte couleur de chair, et les grosses plumes des ailes sont noires.

Le pélican se distingue par son bec des palmipèdes dont je vous ai parlé jusqu'ici. Le canard, l'oie, le cygne, ont, vous le savez, le bec large, plat, arrondi du bout, et relativement court ; le pélican l'a, au contraire, d'une grosseur et d'une longueur démesurées, droit, pointu, et terminé par un crochet. De plus, il a en dessous, une vaste poche, ou sac de peau singulièrement élastique, qu'il resserre ou élargit à volonté. Que peut faire le pélican de cet énorme bec et de cette grande besace suspendue à son cou? N'en est-il pas bien embarrassé? Non, vraiment! ce sont, au contraire, ses plus chers trésors. Je vais vous dire quel usage il en fait. Le pélican a un appétit prodigieux et ne se nourrit que de poisson. Il passe des heures entières, volant au-dessus des vagues, la tête inclinée, l'œil aux aguets, cherchant à découvrir une proie dans l'eau transparente. Quand il voit un poisson, il plonge aussitôt, le saisit avec son long bec, et au lieu de l'avaler, le laisse tomber dans son sac ; puis, il recommence sa pêche, qu'il continue jusqu'à ce que sa besace soit bien remplie. Alors, il vole lentement vers le rivage. Quelquefois, l'adroit pêcheur vide son sac sur un rocher solitaire et se régale tout à son aise ; mais le plus souvent, il se dirige vers son nid et fait part de ses provisions à sa jeune famille qu'il alimente avec autant de tendresse que d'habileté. Eh bien ! que dites-vous de cela, petits amis? Croyez-vous que le pélican voulût renoncer à sa besace ?

Les pélicans font souvent des pêches en commun. Un voyageur raconte qu'il assista un matin à une de ces pêches. Apparemment, la chose avait été convenue d'avance, car non moins de quarante-neuf pélicans arrivèrent au lieu du rendez-vous. Ils commencèrent par battre la surface de l'eau avec leurs ailes déployées, en s'approchant lentement du rivage, si bien que les poissons, effrayés, éperdus, se trouvèrent enfermés dans un espace étroit. Alors, commença le festin commun. Le long bec des pélicans va saisir dans l'eau le poisson ; leur poche s'arrondit et se gonfle. Enfin, quand la compagnie entière fut rassasiée, elle se rassembla sur le rivage. En attendant le commencement de la digestion , les oiseaux lustraient leur plumage, recourbaient leur cou pour le laisser reposer sur leur épaule, et prenaient toute sorte d'attitudes grotesques. De temps en temps, l'un ou l'autre vidait sa poche, en étendait le contenu devant lui , et se plaisait à le contempler. Les poissons qui se débattaient encore étaient bientôt achevés d'un coup de bec.

Les pélicans s'apprivoisent parfaitement. Un de ces oiseaux fut envoyé en cadeau à un roi d'Angleterre et vécut quarante ans à la cour. Il était devenu très-sociable. La musique et le chant paraissaient le charmer. Quand on sonnait de la trompette, il allongeait le cou et tendait l'oreille comme un fin connaisseur.

Il eût été facile à l'homme de réduire le pélican à l'état domestique; mais qu'y eût-il gagné ? La chair de cet oiseau n'est pas bonne à manger, et son voisinage n'est pas du tout désirable; car il est si vorace et si habile à la pêche que sa présence sur le bord d'une rivière suffit pour la dépeupler en très-peu de temps. Il est donc fort heureux qu'il n'y ait d'autres pélicans dans nos pays tempérés que ceux que l'on conserve, à titre de curiosité, dans les jardins publics ou les ménageries. J'ai lu dernièrement qu'un des gardiens du jardin d'acclimatation de Paris remarquait avec étonnement qu'un grand bassin, rempli de jolis poissons dorés et argentés, se dépeuplait à vue d'œil. Qui était le voleur? C'est ce que le gardien se demandait avec anxiété. « Evidemment, » se disait-il, « on ne peut prendre les poissons le jour; c'est donc la nuit qu'on doit faire le coup. » Enfin, un soir, il prend son fusil chargé à plomb, s'embusque près du bassin et attend. La nuit était noire, le silence régnait partout. Le gardien commençait à se dire qu'il avait monté la garde en pure perte, quand tout à coup il aperçoit, de l'autre côté du bassin, une grande ombre blanche dont il ne peut pas bien distinguer les contours. L'ombre avance, elle descend dans l'eau. Plus de doute : c'est le voleur! Un coup de feu retentit. « Ah! fripon, je t'ai pris sur le fait! » s'écrie le gardien en courant vers la forme blanche. Mais jugez de sa surprise et de sa consternation lorsqu'il voit un superbe pélican, le plus beau du jardin, étendu mort à ses pieds! C'était lui qui faisait des visites nocturnes au bassin et qui se régalait des poissons rouges.

LE CORMORAN.

Le *Cormoran* est un oiseau aquatique à peu près de la grosseur d'une oie. C'est un bel oiseau, mais il a l'air très-féroce. Le plumage de son corps est d'un beau vert bronzé; sa tête, son cou, sa queue et ses larges pieds palmés sont noirs; son bec est long et recourbé du bout. Sans être muni de la vaste poche du pélican, il porte, lui aussi, en dessous du bec, une peau élastique qui lui permet de dilater son gosier. Le cormoran est originaire des régions septentrionales; mais il s'est répandu dans tous les pays tempérés : on en trouve en France, en Angleterre, en Allemagne, etc. Il se nourrit de poisson, et n'est ni moins vorace ni moins habile pêcheur que le pélican ; il plonge admirablement et sait poursuivre le poisson entre deux eaux. Son mets de prédilection est l'anguille, qu'il avale entière, la tête la première. Les cormorans s'établissent volontiers dans le voisinage des étangs et des rivières dont ils ont bientôt fait disparaître tout le poisson; mais c'est au bord de la mer qu'ils habitent de préférence. On voit souvent vingt ou trente de ces oiseaux rangés les uns à côté des autres sur les falaises, déployant leurs larges ailes et les faisant sécher au grand air. Leurs nids, composés de bâtons et de plantes marines, enduits d'une sorte de ciment ressemblant à du plâtre, sont placés dans les crevasses ou sur la cime de rochers battus par les vagues. Plusieurs nids sont souvent perchés sur le même rocher, ce qui prouve que les cormorans vivent amicalement entre eux. En sortant de l'œuf, les petits sont absolument nus; mais bientôt ils se couvrent d'un duvet noir, et, au bout de six semaines, peuvent nager à côté de leurs parents.

La peau du cormoran est dure comme le cuir. Les Groënlandais la cousent et en font des habits.

L'homme, qui a reçu de Dieu le pouvoir de s'assujétir les animaux, a trouvé le moyen d'utiliser le cormoran. Les Chinois élèvent ces oiseaux et les emploient comme pêcheurs. Ils leur passent au cou un anneau étroit pour les empêcher d'avaler le poisson; mais quand ils ont travaillé quelque temps pour leur maître, celui-ci enlève le collier et leur permet de pêcher pour leur propre compte. Si grande est la docilité des cormorans, qu'un homme peut aisément en surveiller un grand nombre. Dès que l'un d'eux a fait une prise, il va la déposer en triomphe dans le bateau de son maître. Quand le fardeau est trop lourd pour qu'il le soulève, on assure qu'un de ses camarades vole à son aide; et l'un par la tête, l'autre par la queue, portent le poisson dans le bateau. Au reste, le cormoran s'apprivoise sans peine. Il devient même doux et familier. Un colonel anglais ayant pris un jeune cormoran, l'éleva dans sa basse-cour et celui-ci devint bientôt tellement privé qu'il en était indiscret. Monsieur parcourait la maison du haut en bas, entrait à toute heure dans le cabinet de son maître, et s'étendait au coin du feu sans la moindre façon. Jamais il n'essaya de s'échapper. Il vivait en bonne intelligence avec les chats, les chiens, les canards et les oies.

La chair du cormoran, comme celle de la plupart des oiseaux qui se nourrissent de poisson, est malsaine, huileuse et nauséabonde ; aussi, voyons-nous, dans la sainte Ecriture, qu'il n'était point permis aux Israélites d'en manger. Même défense était faite pour le pélican.

LA CIGOGNE.

La *Cigogne* est appelée un oiseau *échassier*. Savez-vous pourquoi ? Parce qu'elle a des jambes si hautes et si minces qu'on la dirait montée sur des échasses. Son cou est long, souple, flexible, et son bec aigu, effilé, tranchant. Quoiqu'elle n'ait point les pieds palmés et qu'elle ne soit pas, à proprement parler, un oiseau aquatique, cependant elle fréquente le bord des eaux, les marais et les tourbières. Là, elle trouve sa nourriture qui consiste surtout

en grenouilles, crapauds, serpents et poissons. J'ai vu une fois deux cigognes, qui chassaient dans une prairie marécageuse. Quelles grandes enjambées elles faisaient sur leurs échasses ! et comme leur long bec pointu leur était commode pour saisir leur proie dans la vase et les joncs ! Il y a plusieurs espèces de cigognes. La plus commune est la *cigogne blanche*, qui passe l'hiver en Afrique et l'été en Europe. Dès le mois d'avril, ces oiseaux arrivent par troupes dans nos régions et s'établissent en grand nombre dans le nord de la France, en Allemagne, en Hollande surtout. Ils repartent à l'automne pour des climats plus chauds, accompagnés de leurs jeunes familles qu'ils ont élevées pendant les beaux jours. Bien loin de fuir le voisinage de l'homme, la cigogne blanche semble au contraire le rechercher. Elle fréquente même les grandes villes et niche sur le toit des maisons habitées. En général, elle revient fidèlement chaque printemps occuper le nid qu'elle a quitté l'année précédente. Ce nid, composé de branches et de feuilles sèches, elle le restaure avant d'y déposer ses œufs. L'attachement des cigognes pour leurs petits est remarquable. Le père et la mère les soignent avec tendresse et dévouement. Il y a bien des années, un violent incendie éclata dans une ville de la Hollande. Un nid de cigognes, contenant plusieurs petits incapables de voler, se trouvait sur le toit d'une maison enflammée. Que fit la mère? Abandonna-t-elle son nid? Non! elle préféra périr avec ses enfants que de les quitter au moment du danger.

La douceur de la cigogne, ses mœurs paisibles, les services qu'elle rend à l'homme en dévorant une foule de petits animaux malfaisants, lui ont valu de tout temps la faveur universelle. Autrefois, en Egypte, la cigogne blanche était l'objet d'un culte, et, dans plusieurs contrées de l'Afrique et de l'Asie, elle est encore regardée comme sacrée. En Europe même, en bien des pays, on considère comme favorisée du ciel la maison sur le toit de laquelle des cigognes viennent s'établir. Les Hollandais construisent souvent des abris au sommet des édifices afin d'y attirer les cigognes. Celles-ci paient le bon accueil qu'on leur fait en détruisant les rats et les souris. Dans une petite ville de la Lorraine que j'ai habitée il y a bien des années, on remarquait sur le clocher de l'église un nid de cigognes. Les habitants assuraient qu'il était là depuis un temps immémorial. Ils tenaient beaucoup à leur nid, et malheur au téméraire qui eût osé y toucher ! L'arrivée des cigognes au printemps était une vraie fête pour la localité. J'ai vu bien souvent le père ou la mère arriver à tire d'aile vers l'église, apportant à leurs petits une couleuvre qui se débattait au bout de leur long bec ou qui s'enroulait autour de leur cou.

Les *cigognes noires* sont moins intéressantes que les blanches. On en trouve quelques-unes en France, mais c'est surtout en Russie, en Pologne et en Hongrie qu'elles vont passer l'été. Elles fréquentent les lieux les plus sauvages, se tiennent cachées au fond des bois, dans des marécages impénétrables et construisent leur nid au sommet des grands pins.

Il y a encore une autre espèce de cigognes dont il faut bien que je vous dise quelque chose, car elle est extrêmement curieuse : c'est la *cigogne à sac*, ainsi nommée parce que son cou est muni d'une vaste poche. Il y a deux variétés de ces oiseaux. La première se trouve aux Indes et s'appelle *Arghila* ou *Adjudant* ; la seconde se trouve en Afrique et s'appelle *Marabout*. Je veux vous faire le portrait de l'Adjudant. Il est de la taille d'un homme. Sa tête chauve, percée de petits yeux ronds et rouges, est enfoncée entre les épaules, qui sont très-hautes. Son bec est énorme, pointu, en forme de cornet. Son long cou, entièrement nu, comme celui du vautour, forme au bas une grande poche violacée qui retombe sur la poitrine. Son plumage est blanc, sauf le dessus des ailes, qui est noir. Posez ce corps sur deux jambes jaunes et grêles, d'une respectable longueur, et vous aurez un portrait fidèle de l'Adjudant du Bengale.

Ce pauvre adjudant ! Vous ne le trouvez pas beau, n'est-ce pas ? Et pourtant il a l'air, je vous assure, très-satisfait de sa personne. Il ne se tient pas caché au fond des jongles de l'Inde ; il fréquente au contraire les lieux habités et s'étale au sein des villes les plus opulentes. Jugez de la surprise des étrangers qui arrivent à Calcutta, lorsqu'ils voient ces gigantesques oiseaux perchés sur le toit des maisons, ou se promenant gravement dans les rues et circulant au milieu de la foule comme s'ils étaient chez eux.

En effet, ils sont chez eux; les lois les protégent, et il est défendu, sous peine d'une amende de 125 francs, de les molester. Pourquoi cela? Parce que les adjudants, tout laids qu'ils sont, rendent aux populations de ces contrées les plus grands services. Leur présence est un véritable bienfait du ciel. Ils sont les nettoyeurs en chef de Calcutta et des autres cités de l'Inde. Sous ce climat humide et chaud, et avec l'indolence naturelle aux habitants, si l'on n'avait ces précieux auxiliaires, les villes du Bengale seraient tellement malpropres et insalubres qu'elles en deviendraient inhabitables. Mais avec la cigogne-adjudant on peut être tranquille. Aucune immondice n'échappe à son regard perçant : elle la happe en un clin d'œil et la fait passer dans son sac. Son estomac est aussi vaste que son gosier. Un naturaliste anglais ayant fait l'autopsie d'une de ces cigognes trouva dans son estomac une grosse tortue et un énorme chat noir qui avaient été avalés entiers. Les adjudants s'absentent des villes tous les ans pour trois mois. Pendant ce temps, ils élèvent leurs petits, puis ils reviennent fidèlement au toit qu'ils ont quitté. On a pu s'assurer du fait au moyen de colliers qu'on a passés au cou de quelques-uns. Ainsi, l'on a constaté que le même adjudant monte la garde depuis trente ans sur un palais de Calcutta.

La cigogne africaine ou marabout ressemble à la cigogne-adjudant comme une sœur ressemble à sa sœur. C'est la même tournure grotesque, le même crâne chauve, le même sac à provisions, la même prodigieuse voracité : seulement le marabout est plus petit, ses jambes sont noires, et le dessus des ailes est d'un vert bronzé. Très-commun en Algérie et dans le Sénégal, cet oiseau rend aussi de grands services à l'homme en dévorant les impuretés de toutes sortes, les cadavres d'animaux et les reptiles malfaisants. Parfois il se permet bien de dérober quelque volaille; mais on ferme les yeux sur ces méfaits, en raison de son utilité. Malgré son air grave et solennel le marabout est très-sociable. Un voyageur raconte que dans une maison où il séjourna quelques jours, il y avait un jeune marabout tout à fait privé; à l'heure du dîner et avant que la famille fût réunie, il allait se placer de lui-même derrière la chaise de son maître. On avait l'habitude de lui donner à manger après le repas; mais Monsieur était souvent pressé et les domestiques devaient employer la verge pour l'empêcher de se servir le premier. Un jour il enleva fort adroitement un poulet qu'on venait de placer sur la table, et l'avala tout entier. Le gosier des marabouts n'est pas moins large que celui de l'adjudant. On en a vu avaler d'un seul coup des gigots de mouton, des pièces de bœuf de trois kilogrammes, des lièvres et même de petits renards.

Les cigognes à sac portent sous les ailes des plumes d'une blancheur et d'une légèreté extrêmes. Ces plumes sont très-recherchées comme objet de parure. Celles de la cigogne africaine ont plus de finesse et de prix que celle de l'adjudant. Au Sénégal, on élève des troupeaux de marabouts et on leur arrache leurs jolies plumes quand elles sont assez longues.

La cigogne est souvent nommée dans la sainte Ecriture. Il était défendu au peuple d'Israël de manger sa chair. Un prophète du Seigneur fait allusion en ces termes au merveilleux instinct qui porte la cigogne et divers autres oiseaux, à partir toujours aux mêmes époques, pour aller chercher un climat qui leur convient : « La cigogne même a

» connu dans » les cieux ses » saisons ; la » tourterelle, » l'hirondelle, » la grue ont » pris garde » au temps » qu'elles » doivent venir ; mais mon peuple n'a point connu » le droit de l'Eternel. » Comprenez-vous la leçon qui nous est donnée par ces paroles ? « Gens sans intelligence ! » semble nous dire le prophète, « vous êtes moins sages que les oiseaux du ciel ; car ils obéissent aux lois que la Providence leur a tracées, mais vous, vous ne prenez point garde aux commandements du Seigneur. » C'est une bien sérieuse leçon que celle-là, n'est-ce pas, mes chers enfants? Puissions-nous tous en profiter ! Voici une courte prière que je vous engage à dire bien souvent du fond du cœur : « Eternel ! rends-moi intel- » ligent, afin que j'apprenne tes commandements. »

LE HÉRON

Un jour sur ses longs pieds allait je ne sais où,
Le héron au long bec emmanché d'un long cou.

Vous connaissez sans doute ces vers d'une jolie fable. Impossible de mieux décrire le héron que ne l'a fait notre bon Lafontaine dans ces deux lignes. Le héron est un oiseau échassier. Il a même les jambes plus longues et plus fines que la cigogne. Ses formes sont aussi plus délicates. Quant à son plumage, il est de couleur cendrée, avec un mélange de blanc et de noir sur la poitrine. Une belle huppe noire surmonte sa tête et retombe gracieusement en arrière; un bouquet de plumes, d'un gris bleuâtre, termine sa queue. Mais si le héron est plus beau que sa parente la cigogne, il a des mœurs bien moins intéressantes. Il est triste, méfiant, sauvage. Cet oiseau, dont on compte plusieurs variétés, est répandu à peu près en tous pays. En Europe, nous en avons beaucoup. Il se tient dans le voisinage des eaux et recherche la solitude. Les poissons et les grenouilles composent son ordinaire habituel; mais lorsque la pêche est insuffisante, il se rabat sur les vers, les limaces et les reptiles. C'est avant le lever ou après le coucher du soleil que le héron se livre à la pêche. Souvent, par de belles nuits d'été, on le voit au bord des rivières, debout sur une jambe, immobile comme une statue, la tête enfoncée entre les épaules, attendant avec une patience à toute épreuve, une proie qui souvent se fait attendre pendant des heures entières. Le jour, il se tient caché au sommet de grands arbres. J'ai dit que les hérons aiment la solitude, et cela est vrai; toutefois, quand vient l'époque d'élever leurs petits ils se réunissent en bandes nombreuses, et, chose remarquable, vont nicher dans des lieux qui tous les ans servent au même usage. Ces lieux, qui sont ordinairement un massif de grands pins ou une allée de peupliers, sont appelés *héronnières*. Un même arbre contient souvent plusieurs nids. Les hérons soignent leurs petits avec beaucoup de tendresse tant que ceux-ci ne peuvent pas voler; mais dès qu'ils sont assez forts pour pourvoir eux-mêmes à leur nourriture, les parents les chassent impitoyablement du nid. Au reste, beaucoup d'oiseaux font de même.

Quoique le héron n'ait pas les pieds palmés, il nage parfaitement. Quand on le prend jeune, il s'apprivoise assez bien ; mais plus tard, il ne peut s'accommoder de la captivité : il dépérit, refuse toute nourriture, et meurt de chagrin. Cet oiseau était un de ceux que le peuple d'Israël devait considérer comme impur. Autrefois, lorsque les grands seigneurs chassaient au faucon et à l'épervier, les hérons étaient fort recherchés, parce que leur vol puissant, les rapides évolutions qu'ils font dans les airs, leur courage à se défendre, rendaient la chasse très-émouvante. Quelquefois le héron transperçait le faucon de son long bec, mais le plus souvent, il expirait sous les terribles serres de l'oiseau de proie. Grâce à Dieu, ce jeu cruel n'est plus de mode aujourd'hui. Tout divertissement qui n'a pour objet que de faire souffrir des créatures vivantes et de jouir de la vue de leurs souffrances est indigne d'un homme de cœur, à plus forte raison d'un chrétien.

L'AUTRUCHE.

L'*Autruche* est aussi un oiseau échassier. C'est le plus grand et, sans contredit, le plus étrange des oiseaux. Il a des plumes, de très-belles plumes; il a même des ailes, mais il ne vole jamais. Les pieds qui terminent ses longues jambes ressemblent beaucoup plus au sabot d'un cheval ou d'un âne qu'à la patte d'un habitant de l'air. Et où se trouve cette bizarre créature? Elle habite les contrées sablonneuses de l'Asie et de l'Afrique : l'Arabie, l'Egypte, le désert du Sahara. On l'a appelé quelquefois *l'oiseau-chameau*, parce qu'elle vit, comme ce quadrupède, dans les plaines de sable, et qu'elle peut, comme lui, se passer longtemps de manger et de boire. Sa taille dépasse celle d'un homme, et son poids est en moyenne de 40 kilogrammes. Son plumage est noir ou gris mêlé de blanc. Son cou est très-long et sa tête fort petite; une épaisse rangée de gros cils protégent ses yeux contre la poussière brûlante du désert.

L'autruche ne vole pas, ai-je dit ; mais en revan-

che, elle court avec une incroyable rapidité : le meilleur cheval arabe ne saurait lui tenir tête. Elle agite ses ailes en courant comme pour s'éventer. L'autruche n'est pas un oiseau de proie ; elle est herbivore, mais sa voracité est telle qu'elle avale indistinctement tout ce qu'elle trouve : bois, cailloux, morceaux de fer, etc. Rien de tout cela ne nuit à sa santé : de là cette expression : *estomac d'autruche*, que l'on applique à une personne qui digère toute sorte d'aliments. L'autruche est peu intelligente ; longtemps même on l'a crue trop stupide pour prendre soin de ses œufs et de ses petits ; toutefois il est prouvé aujourd'hui que si l'instinct maternel n'est pas développé chez elle, comme, par exemple, chez la poule ou la cigogne, cet instinct ne lui fait pas complétement défaut. Il est vrai que son nid consiste simplement en un grand trou dans le sable, et que le jour elle laisse ses œufs exposés aux ardeurs du soleil ; mais la nuit et dans la saison froide elle les réchauffe sous ses plumes, comme les autres oiseaux. Elle prend même un certain soin pour cacher son nid, et lorsqu'elle s'aperçoit qu'on l'a découvert, elle casse ses œufs et s'en va. Les œufs d'autruche pèsent un kilogramme et demi; un seul suffirait pour le repas d'une famille. Les Arabes en sont très-friands.

L'autruche est d'un naturel doux, paisible, timide; elle est susceptible de s'apprivoiser. Presque toutes les grandes villes d'Europe possèdent, dans leur jardin des Plantes, un ou plusieurs de ces oiseaux : ils sont d'une docilité exemplaire et s'attachent beaucoup à leurs gardiens. Mais quand on la poursuit dans ses déserts, l'autruche devient très-dangereuse, car elle lance des ruades comme le cheval. Pourquoi lui fait-on la chasse? C'est surtout en vue d'obtenir les longues et magnifiques plumes blanches qui garnissent ses ailes et sa queue. Ces plumes sont un ornement aussi recherché en Orient que dans nos pays civilisés et un important objet de commerce. Vous devez en avoir vu bien des fois, petits enfants; peut-être en avez-vous porté vous-mêmes, ne vous doutant guère, apparemment, qu'une pauvre autruche des déserts de l'Afrique avait dû tomber sous les coups des chasseurs, afin de vous procurer cet objet de parure qui ne sert trop souvent qu'à nourrir la vanité. La chasse à l'autruche est très-fatigante. Les Arabes qui s'y livrent emploient les meilleurs coursiers et ce n'est, en général, qu'après huit ou dix heures de poursuite, que la pauvre créature, épuisée, cernée, haletante, est obligée de se rendre. On la tue alors à coups de bâton et non avec un fusil, afin d'éviter de gâter ses plumes. La chair de cet oiseau, quoique dure, n'est point mauvaise; certaines peuplades africaines la mangent. Les Arabes prennent aussi l'autruche vivante et s'en servent comme monture. On affirme que deux cavaliers peuvent voyager commodément sur son dos et qu'ainsi chargée, elle trotte encore plus vite qu'un cheval de course. Le cri habituel de l'autruche est une sorte de gloussement rauque et sonore; mais quelquefois, surtout dans la nuit, elle pousse des hurlements qui ressemblent tellement à ceux du lion que les nègres eux-mêmes s'y méprennent.

L'autruche est mentionnée plusieurs fois dans l'Ecriture sainte. La rapidité de sa course est décrite ainsi dans le livre de Job : « Elle se dresse en haut, « elle se moque du cheval et de celui qui le monte. »

Il y a quelques variétés d'autruches. Le *Nandou*, beaucoup plus petit que l'autruche ordinaire, habite l'Amérique du Sud. Sa chair est agréable, mais son plumage grisâtre est sans valeur. L'*Emeu* et le *Casoar* sont originaires de l'Australie et des îles de l'Océan Indien. Comme l'autruche, le casoar trotte plus vite qu'un cheval. Les os de ses jambes sont aussi gros qu'un poignet d'homme et ses pattes ont trois pieds de haut. En guise d'ailes, il porte sur le dos deux petits moignons, sans une seule plume. Au reste, tout son plumage ressemble à du crin : il est d'un gris foncé et si touffu qu'il retombe autour du corps comme un parasol. Le casoar se nourrit de fruits, de graines, de racines. Sa chair est estimée; pour le goût et l'apparence, elle ressemble, dit-on, à du bœuf d'excellente qualité.

LE SECRÉTAIRE.

Quel singulier nom pour un oiseau, n'est-il pas vrai? Devinez pourquoi on le lui a donné. Est-ce qu'il saurait écrire, par hasard?... Oh! non ; mais il porte sur la tête de longues plumes droites qu'il peut abaisser à volonté, ce qui lui donne l'air d'un docte écrivain, la plume sur l'oreille.

Le secrétaire est un bel oiseau, au port très-élégant, au bec recourbé, au plumage gris et noir, aux grands yeux à fleur de tête. Ses jambes sont longues et fines, et en marchant il fait d'énormes enjambées. Il court très-vite, mais vole rarement. L'Afrique méridionale est la patrie du secrétaire; mais on l'a introduit dans diverses autres contrées et on cherche depuis quelque temps à l'acclimater en Europe. Pourquoi cela? Parce qu'il est l'ennemi acharné des reptiles en général et des serpents en particulier. Cette spécialité lui a valu, dans les pays qu'il habite, la faveur universelle et le surnom de *mangeur de serpents*. Lorsqu'il attaque son adversaire, il déploie autant d'adresse que de courage. Une expérience intéressante fut faite il y a peu de temps à Paris, au jardin d'acclimatation. Cinq vipères furent lâchées dans la cage vitrée où se trouvait un secrétaire. Les serpents commencèrent par ramper vivement autour de la prison, cherchant une issue pour s'échapper; mais soudain apercevant leur ennemi, ils se redressèrent, furieux et menaçants, et firent entendre des sifflements de colère. L'oiseau les regardait impassible; enfin, il se jeta sur eux, leur distribua force coups de bec et les eut bientôt coupés en deux ou trois tronçons; puis, il s'acharna sur les débris, jusqu'à ce qu'il les eût littéralement hachés.

Quoique si impitoyable pour les reptiles, le secrétaire est d'un naturel doux, pacifique, débonnaire. Il s'apprivoise parfaitement. Au sud de l'Afrique, on voit souvent, dans la cour des fermes, un ou plusieurs de ces oiseaux qui vivent en bonne intelligence avec la volaille. Bien plus, on assure qu'ils font régner le bon ordre dans la basse-cour et qu'ils veillent au maintien de la paix. Deux poulets se prennent-ils de querelle? Vite, le secrétaire accourt et sépare les combattants. Bel exemple pour vous, petits amis. Oh! qu'elle est odieuse la conduite de ces enfants qui, bien loin de chercher à apaiser les disputes, prennent plaisir au contraire à les attiser! Le Seigneur peut-il bénir les enfants qui agissent ainsi? Non! Mais de « ceux qui procurent la paix, » il a dit lui-même : « Ils seront appelés enfants de Dieu! »

L'OISEAU-LYRE.

Voyez-vous, sur la gravure coloriée, l'oiseau qui est perché sur une branche d'arbre? Comme il est gracieux, n'est-ce pas? N'aimeriez-vous pas à le rencontrer dans nos campagnes? Malheureusement, ce charmant volatile est inconnu en Europe. Vainement aussi le chercheriez-vous en Asie, en Afrique, ou en Amérique. L'Australie, cette île immense, qu'on a surnommée le cinquième continent, a seule l'agrément de le posséder. Comme je vous l'ai déjà dit, les forêts de l'Australie sont peuplées de magnifiques oiseaux, dont plusieurs ne se trouvent nulle part ailleurs : l'*Oiseau-Lyre* ou *Menure*, en est un des plus remarquables. Timide et inoffensif, cet oiseau se tient surtout dans les fourrés. Il se nourrit de graines et d'insectes. Son corps n'est guère plus gros que celui d'une poule, mais sa queue a près d'un mètre de longueur. Quand il marche, il la laisse balayer le sol, comme la traîne d'une grande dame; mais dès qu'il vole, il la relève et la déploie. Cette queue, ainsi étalée, a exactement la forme d'une lyre, instrument de musique, dont on se servait autrefois et qui ressemblait un peu à une harpe : de là, le nom donné au bel étranger. Les deux grandes plumes qui forment les contours de la lyre sont blanches et feu ; les plumes du milieu, fines et raides, figurent les cordes. Rien ne saurait donner une idée de la légèreté et de la grâce de cet oiseau, nous disent les voyageurs. Quelle infinie variété dans les ouvrages du Créateur, n'est-il pas vrai? Quelle différence, par exemple, entre l'autruche et l'oiseau-lyre! et pourtant l'une et l'autre sont également dignes de notre admiration. « Et » Dieu vit tout ce qu'il avait fait ; et voilà, c'était » très-bon, » nous est-il dit au premier chapitre de la Genèse. Et nous aussi, mes chers enfants, puissions-nous, à mesure que nous apprenons à connaître les merveilles de la nature, nous écrier du fond du cœur : « Oui, Seigneur, tout est très-bon dans les œuvres de tes mains. Tu les as toutes faites avec sagesse ; la terre est pleine de tes richesses. Que tout ce qui respire loue ton saint nom! »

FIN.

R.F.

www.ingramcontent.com/pod-product-compliance
Lightning Source LLC
LaVergne TN
LVHW050425160826
845677LV00002BA/533

* 9 7 8 2 3 2 9 6 9 7 8 4 0 *